BON APPÉTIT

美味餐饮设计

品牌·空间·全掌握

SendPoints 善本 编著

华中科技大学出版社
http://www.hustp.com
中国·武汉

图书在版编目（CIP）数据

美味餐饮设计：品牌空间全掌握 / SendPoints 善本编著 . － 武汉：华中科技大学出版社，2020.7
ISBN 978-7-5680-6068-4

Ⅰ．①美… Ⅱ．① S… Ⅲ．①饮食业－服务建筑－室内装饰设计 Ⅳ．① TU247.3

中国版本图书馆 CIP 数据核字 (2020) 第 050964 号

美味餐饮设计：品牌空间全掌握
Meiwei Canyin Sheji : Pinpai Kongjian Quanzhangwo
SendPoints 善本　编

出版发行：华中科技大学出版社（中国·武汉）	电话：(027) 813219
武汉市东湖新技术开发区华工科技园	邮编：430223

策划编辑：段园园　林诗健　　执行编辑：李炜姬　　设计指导：林诗健　　翻　译：李炜
责任编辑：段园园　李炜姬　　责任监印：朱　玢　　责任校对：李炜姬　　书籍设计：陈

印　　刷：深圳市龙辉印刷有限公司	
开　　本：787 mm × 1092 mm　　1/16	
印　　张：13	
字　　数：145 千字	
版　　次：2020 年 7 月第 1 版　第 1 次印刷	
定　　价：128.00 元	

投稿热线：13710226636　　duanyy@hustp.com

本书若有印装质量问题，请向出版社营销中心调换

全国免费服务热线：400-6679-118　竭诚为您服务

Tomorrow's
so far away
GRAANMARKT 13

- 摄影：Base Design, Coffeeklatch, Frederik Vercruysse

邂逅 80 块
餐厅招牌

ST:工作室 | CD:创意指导 | DE:设计师 | ID:室内设计

邂逅80块
餐厅招牌

ST: 工作室 | CD: 创意指导 | DE: 设计师 | ID: 室内设计

01

02

0

04

05

0

07

08

0

10

11

12

13

14

15

16

17

18

19

20

21

22

23

24

25

26

27

29

32

34

35

36

38

37

39

40

41

42

43

44

45

47

48

50

5

52

5

54

55

56

57

58

59

60

61

62

63

64

65

67

68

70

72

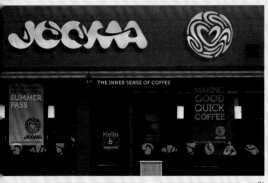

74

75

76

77

78

79

80

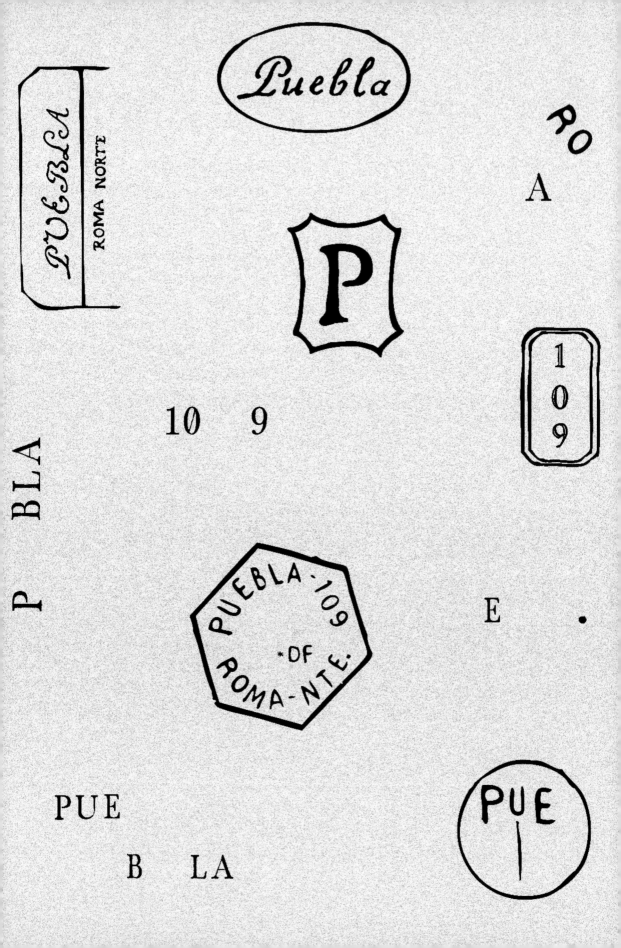

D F

P

PUEBLA
1 0 9
ROMA NTE

1-0-9

1.0.9

56

个 餐 厅
LOGO
设 计

P

P U E B L A
1 0 9
ROMA NORTE DF

P

P U E B L A

PUEBLA

RO A-N E

1

2

3

4

5

6

7

8

9

10

11

12

13

14

15

EL
POLLERIO

16

17

18

19

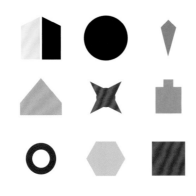

WHATHAPPENSWHEN

20

21

JEFFREYSGROCERY.COM

23

22

24

CalicANo

· MELTING POT ·

25

26

27

28

29

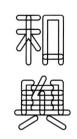

30

31

LAURA DIAZ
— catering —

32

33

BURGER CHIC

33

COOKLYN
PROSPECT HEIGHTS

35

36

37

38

LA FONDA DEL SOL

39

40

41

THE QUARTER

gourmet bunny chow

43

42

SOURCED
MARKET

45

44

marronerosso

46

47

48

49

50

51

52

53

54

WINE REPUBLIC

FOOD AND WINE SHOP

55

56

美莉王

MAF
美

MARY
WONG
美莉王

Лапша с говядиной   155р.
в соевом соусе   330г

Лапша с курицей   149р.
в грибном соусе   280г

Лапша с овощами   120р.
порей   330г

Лапша со свининой   185р.
терняки   400г

Coca-Cola   0,4   51р.
Капучино   70р.
Чай   49р.
Miller   99р.

- Mary Wong   - 工作室：Fork   - 设计：Kirill Ermoshin, Ivan Maximov, Pavel Platonov

Mary Wong 是一家连锁面店，店主用亚洲的精准和美国的精神用心烹制美食。不同于常规亚洲餐馆的主题，品牌形象采用了现代极简风格。为了营造一种都市夜生活的氛围，店面设计采用了混凝土墙、金属家具并用霓虹灯装饰。生动的彩色贴纸不仅作为品牌形象的一部分，而且也是主要食材的说明标贴。

The Local Mbassy 是一家澳大利亚的精品咖啡餐馆，旨在向 19 世纪 20 年代的当地人致敬，尤其是那些为当代澳大利亚艺术、时尚及咖啡文化的塑造与发展做过贡献的人。设计理念是通过提供优质的 Campos 特色咖啡打造一个在悉尼当地社会和美食文化中具有影响力的好去处。裸露的横梁、电线管道、混凝土饰面、经过翻新的家具以及一幅比真人还大的肖像壁画让人仿佛置身于 19 世纪 20 年代的澳大利亚。

LOCAL MBASSY

HOW MUCH WOOD COULD A WOODCHUCK CHUCK,
IF A WOODCHUCK COULD CHUCK WOOD?

A B C D E F G H I J K L M N O P Q R S
T U V W X Y Z 1 2 3 4 5 6 7 8 9 0

/

设计灵感源于餐馆的建筑外观——一座古老的大楼以及奥斯陆标志性的路标，旨在体现该品牌的清新与纯洁、传统与历史以及餐馆大厨极具创新性的烹饪手法。餐馆的菜单会随着北欧季节的变化而变化，因此菜单的配色方案便以这一特点作为依据。

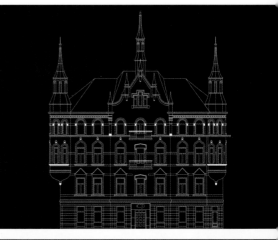

DESSERTS 149

Cheese platter 105

Apple 109
Oats, cinnamon and sour
cream (G,L)

Blackcurrant
Almond base and sorbet of
blackcurrant with airy
'creamed rice' (L,G,N,E) 139

Suffié*
with hazelnut & chocolate
(N,L,E) *Suffié can not be
ordered for parties exceeding
10 people

Milk chocolate mousse 119
Caramelized white chocolate
and cherries (L,G)

Macaron BA 53 65
4 pieces (N,E,L)

DESSERT WINE

...enauslese 120/495
...her 795

BA 53 MENUS

Menu BA 395

Chicken liver parfait
Figs and grilled brioche
(G,L,SO2)

Spätzle
Parmesan sauce og fried
kale (G,L,E)

Porchetta
Baked garlic, celery cream,
potato and fried parsley
(L,SE,SO)

...lad 89
...comté

...smoked cod 109
...t pork and
...F)

129

...s menu 395

495

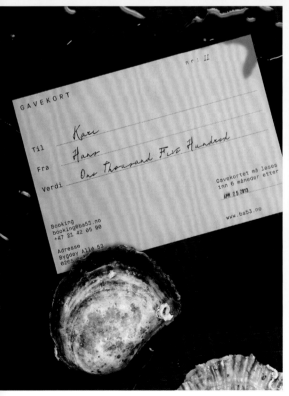

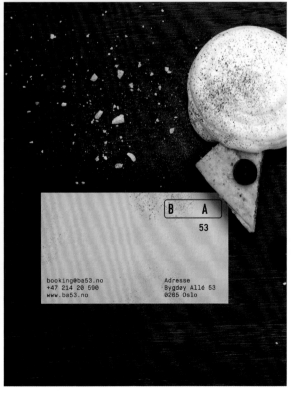

- VORS   - 工作室：Mubien   - 艺术指导：David Mubien   - 摄影：Víctor Mubien

VORS酒吧餐厅坐落于桑坦德海湾，它们的美食新概念既结合了对产品的敬意又包含为客户提供舒适的用餐空间。设计团队为品牌进行了形象改造，从旧标志中提取字体细节，制作出新的符号和不同的印章图案。决定整体设计的主色调源自雪利酒，因为品牌名字的全称是Very Old Rare Sherry（珍贵的陈年雪利）。在包装纸、装饰带等应用材料上都配上了统一的装饰图案，装饰图案或占据整个画面或只作点缀之用。该视觉系统还以艺术为主线，展示了来自大都会艺术博物馆的数十万张高清艺术品摄影图片。

38

Mirador

MIRADOR Font Family

ABCDEFGHIJKLMNOPQRSTUVWXYZ
abcdefghijklmnopqrstuvwxyz
1234567890

GOTHAM

GOTHAM Medium

ABCDEFGHIJKLMNOPQRSTUVWXYZ
abcdefghijklmnopqrstuvwxyz
1234567890

NEGRO

CMYK: 0 / 0 / 0 / 100
RGB: 0 / 0 / 0
HTML: #000000

AZUL ULTRAMAR

CMYK: 100 / 75 / 2 / 18
RGB: 0 / 48 / 135
HTML: #003087

POP'SET FAWN

CMYK: 6 / 15 / 41 / 10
RGB: 211 / 188 / 141
HTML: #D3BC8D

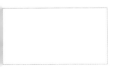

BLANCO

CMYK: 0 / 0 / 0 / 0
RGB: 255 / 255 / 255
HTML: #FFFFFF

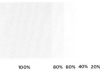

POP'SET AQUA

CMYK: 18 / 0 / 5 / 0
RGB: 187 / 221 / 230
HTML: #BBDDE6

POP'SET APRICOT

CMYK: 0 / 41 / 59 / 0
RGB: 254 / 173 / 119
HTML: #FEAD77

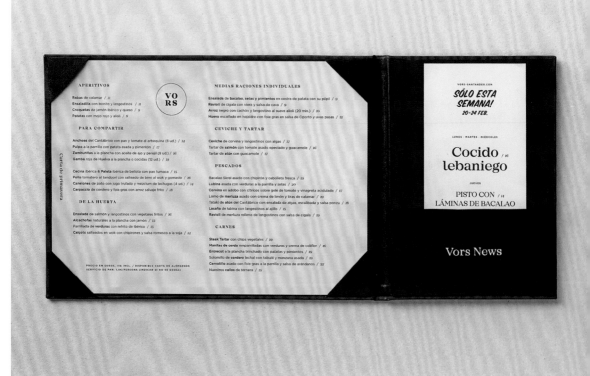

Título Spring | Artista Cephas Giovanni Thompson (1809-1888) | Año 1838 | Categoría Óleo sobre lienzo

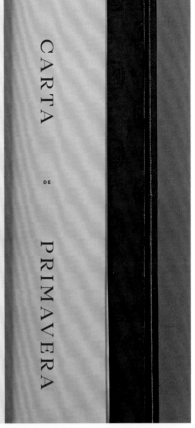

VORS

~~Wel~~come
Bien~~venidos~~

VORS SANTANDER

- La Riojana   - 工作室：Mubien   - 艺术指导：David Mubien   - 室内设计：Paula Andrés
- 摄影：Víctor Mubien

这是位于西班牙北部乡村的一家酒吧餐厅，为用户提供高品质的产品和现代菜肴。其富有动感的形象设计以县城 La Rioja 为灵感，那里是全球知名的红酒之乡。设计配色中的绿色来自葡萄园，粉红是未熟葡萄的颜色。插画内容以县城当地的姑娘为主（当地语言称作 la riojana），其他辅助的插画则代表了当地的特色植物或水果，比如角豆树、黄杨、葡萄和葡萄藤。手作的菜单上运用了重叠摆放的字体，成功地吸引了顾客的视线。

CANDY PINK

CMYK: 7/27/15/0

RGB: 236/199/202

HTML: #ecc7ca

EMERALD

CMYK: 79/30/67/15

RGB: 49/123/96

HTML: #317b60

ICE WHITE

BLANCO

CMYK: 0/0/0/0

RGB: 255/255/255

HTML: #FFFFFF

NEGRO

CMYK: 0/0/0/100

RGB: 0/0/0

HTML: #000000

STONE

CMYK: 13/22/39/2

RGB: 224/199/163

HTML: #e0c7a3

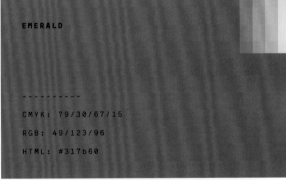

Astair的名字来自著名舞蹈家Fred Astair,带有对旧时巴黎人派对的怀旧味道。大厨Gilles Goujon和室内设计师Tristan Auer把餐馆的新址想象成一个欢庆的、温暖的现代酿酒厂。品牌形象设计的核心元素是一些草稿线条,这是以艺术家让·科克托的绘画为灵感而绘制的,象征法国文化。而应用的字体Cassandra被重塑成20世纪30年代巴黎常见的装饰艺术字体。整体设计目标是为艺术和现代烹饪建立一座桥梁——通过艺术传达品牌的愿景。

ASTAIR *Panoramas*

ASTAIR

Café • Comptoir • Restaurant

www.astair.paris

19 Passage des Panoramas
75002 Paris
09.81.29.50.95

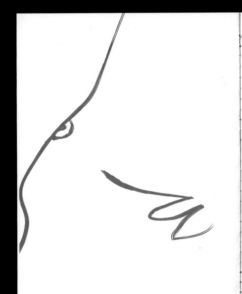

Sans Alcool

Orangina, *25 cl*

4,5 -

Coca Cola, *33 cl*

5 -

Coca Cola Zero, *33 cl*

5 -

Tonic Fentimans, *20 cl*

5 -

Ginger Beer Fentimans, *20 cl*

5 -

Limonade Lorina, *33 cl*
Supplément sirop : 1 -

5 -

Jus de Pomme Brut,
Meneau, 25 cl

6 -

Jus de Pêche de Vigne,
Meneau, 25 cl

7 -

Jus d'Abricot,
Meneau, 25 cl

7 -

Jus de Tomate de Terre,
Meneau, 25 cl

8 -

- Birdman - 工作室：Thinking Room - 艺术指导：Eric Widjaja
- 设计师：Mathilda Samosir, Nandiasa Rahmawati, Bram Patria Yoshugi

英文单词bird也有"怪人"的意思——这就是Birdman餐厅的本色。且不说这个奇怪的命名，Birdman的确是一家有趣的墨尔本风格的居酒屋。在工作和生活节奏紧凑的日本，很多人下班后都会到居酒屋畅所欲言，暂时摆脱自己的社会角色。这个场景让设计团队想到用"眼睛"作为标志设计的主元素，因为眼睛是心灵的窗口，当我们看着别人眼睛的时候，我们是自信的，不惧怕别人对自己的看法。形象设计的整体方向是简单、微妙、天真但诙谐，菜单和招牌设计便充分诠释了这一点。

51

这是位于雅加达北部高档社区的一家日本主题酒吧。日文里面kanpai意为"干杯"，而Kanpai的宗旨是让人们小酌后敞开心扉，展现真我。在日本有个俚语就是源于这样的一个背景，叫nomunication(nomu是"喝"的意思)。这样的品牌宗旨催生了以狸猫为吉祥物的想法，因为在日本传说中，狸猫非常调皮，会变成人的模样来捉弄人类，不过狸猫喝醉了的话就会原形毕露，就像喝了酒的人那样"展现真我"。

Bicnic 餐厅有不同形式的用餐体验：吧台、矮桌、高桌、野餐桌，还有位于厨房内的大厨餐桌。这里环境轻松、不拘礼节，顾客可自由选择喜欢的就餐形式。餐厅形象设计围绕着一个"圆圈"展开，其实这是一个车轮，因为 Bicnic 在这里落脚之前是一辆流动餐车。其活泼的配色增强了材料和平面元素的质感，这些主色调常常放置在同一个空间内，比如墙砖和衍生产品。除了平面设计，设计团队还为品牌制定了线上和线下的视觉传达策略，包括媒体策划以及网站的制作。

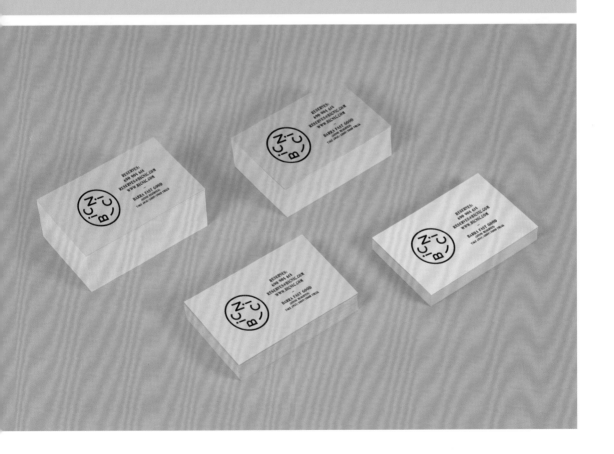

59

LONG WA
TEA HOUSE

SINCE 1962

龙华茶楼创建于1951年，是中国澳门有名的粤式茶楼。品牌形象重塑的关键在于保持品牌的古色古香和"街坊味"。牛皮纸被作为设计的主要材料和视觉元素，有力地建立了一个简单但不失强烈的形象系统，折射出 20 世纪五六十年代普通澳门人的生活方式——简单朴实。包装上刊印了茶楼的经典照片，让新老顾客都能感受到保存了近70年的茶楼风味。

Abarrotes Delirio 传达的是一种新的街头美食文化。此品牌设计实用、简约，用天然的食材来呈现品牌的平易近人、地道口味。中性洁净的设计风格使得这家街角小店不失精致。

Manzanilla Bugambilia

Sencha

Rooibos

Verde Marroquí

A Infusiones   A Vaso desechable 12 oz.   A Fajillas P/ vaso   A

ABARROTES

Producto
Manzanilla Bugambilia

Origen
México

Peso: 50 grs   Caducidad: Agto. 2014

Obtenemos la mejor materia prima, cuidadosamente seleccionada, del campo a tu mesa.

Colima 114   COL. ROMA, MEXICO, DF.

A $65 00

A Ramonetti Doble Crema $495

A Tipo gruyere $260 kg

A Real del Castillo $220

ABARROTES
COLIMA 114   COL. ROMA
DELIRIO   MEXICO, DF.

Ocean Club 的首字母构成了餐馆颇具动感的品牌标志，同时完全保留了其几何纯粹性。餐厅是由深蓝色、青色和浅棕色平衡搭配的室内空间。落地玻璃让人一览海上全景，银色镶边的门框让人仿佛置身于深海之中。餐具和家具从珊瑚礁、海葵以及贝壳中的斐波那契序列中汲取灵感，每一个设计都体现了深海生物的几何美感。

- Kessalao   - 工作室 : Masquespacio   - 创意指导 : Ana Milena Hernández Palacios   - 创意助理 : Carolina Mic

- 平面设计 : Ana Diaz   - 建筑 : Virgínia Hinarejos   - 摄影师 : David Rodríguez y Carlos Huecas

Kessalao 是一家主打地中海菜式的外卖餐馆,店名是德语 "Kess" 和西班牙语 "Salao" 的文字组合,意为 "酷而有趣的男孩"。标志
计突出了地中海美食的关键元素——滴滴醇香的橄榄油。室内设计的配色方案选择了一系列受德国人欢迎的颜色,红色为主色调,
军蓝和黄色代表着地中海,紫色则增添了一抹强烈的视觉冲击感,墙壁用的是桦木薄板,家具主要是松木,营造出一种简朴自然的氛围

76

品牌形象和室内设计直接体现了 Hotshot 无拘无束的街头风格。餐馆的室内设计以海边救生站为模型，除有标志性的冲浪板装饰在墙上外，还有复古的漫画和经典的啤酒板条箱。暴晒褪色的木头、波纹工业钢面、吊扇和明亮的霓虹灯招牌，所采用的材料都反映出一种悠闲随意的审美态度。从 Airstream 餐饮车到菜单上的漫画，每一个细节都精心定制，希望把顾客带回那个更简单、更时髦的年代。

设计师为Kakhovka Bar设计的大部分物品（如名片和餐具）都是手工制成的，目的是给顾客带来一种20世纪上半叶的怀旧气氛。品牌风格十分注重质感，因此使用了木材、厚纸板、厚毛毡，主色调用了泥土色。

- Simple.　　- 工作室 : Brandon　　- 创意指导 : Boris Alexandrov　　- 文案 : Dmitriy Panasiuk

- 设计师 : Elena Parhisenko, Olga Novikova, Anton Storozhev　　- 室内设计 : Anna Domovesova

Simple. 是一家新生代快餐店，带着"一切从简"的理念，通过不同寻常的组合方式烹制当地新鲜、未经腌制的食物。基于这一理念，设计团队采用了自然的颜色和简单的材料，如木头、夹板、牛皮纸等，摒弃了复杂的装饰。另外还有一些有趣的细节，门把手是一把小铁铲，衣帽钩是一个耙子，饮料的菜单是一个擀面杖，灯罩是回收的瓶子。

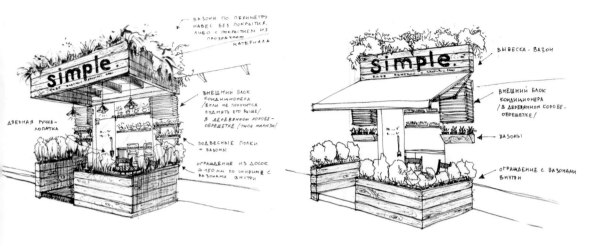

simple.

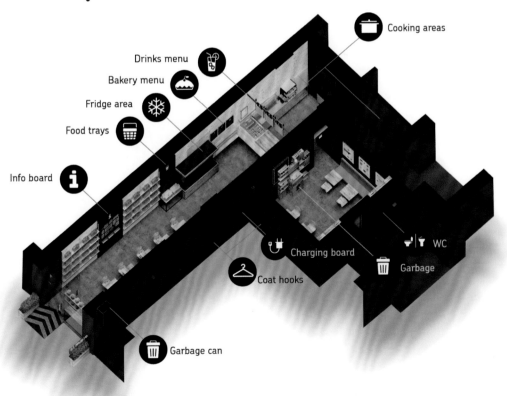

Cooking areas

Drinks menu

Bakery menu

Fridge area

Food trays

Info board

Charging board

WC

Garbage

Coat hooks

Garbage can

小批量手工酿制啤酒兴起于十多年前的美国，Una 便是一家追随该潮流的啤酒酒吧，自家酿制的啤酒与食物完美搭配，而且该酒吧只选取当地优质的食材。就如店名所表达的"共同"或"合为一体"的意思一样，Una 汇集了世界各地的手工酿制啤酒。酒吧品牌标志是一个双向图，体现了他们文化理念的精髓——凝聚。

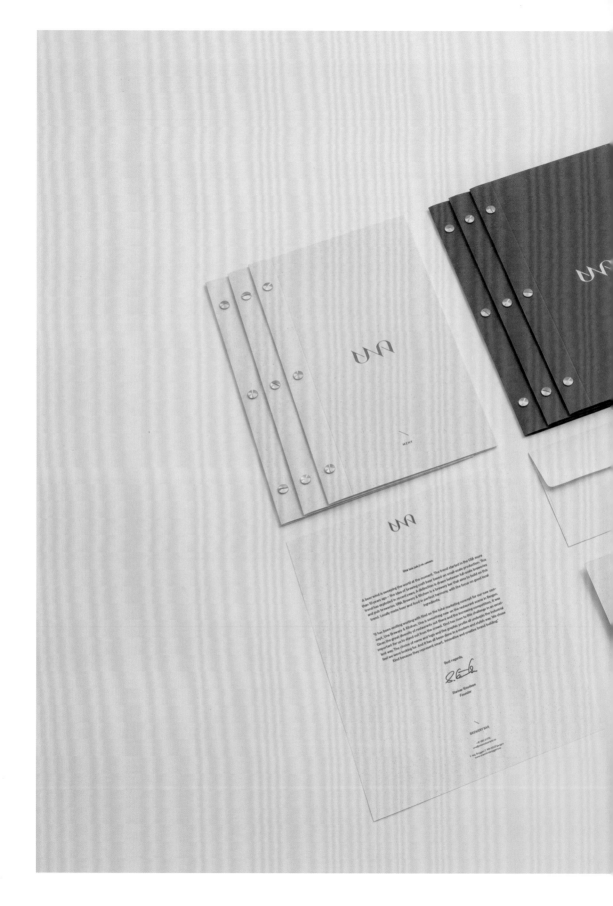

94

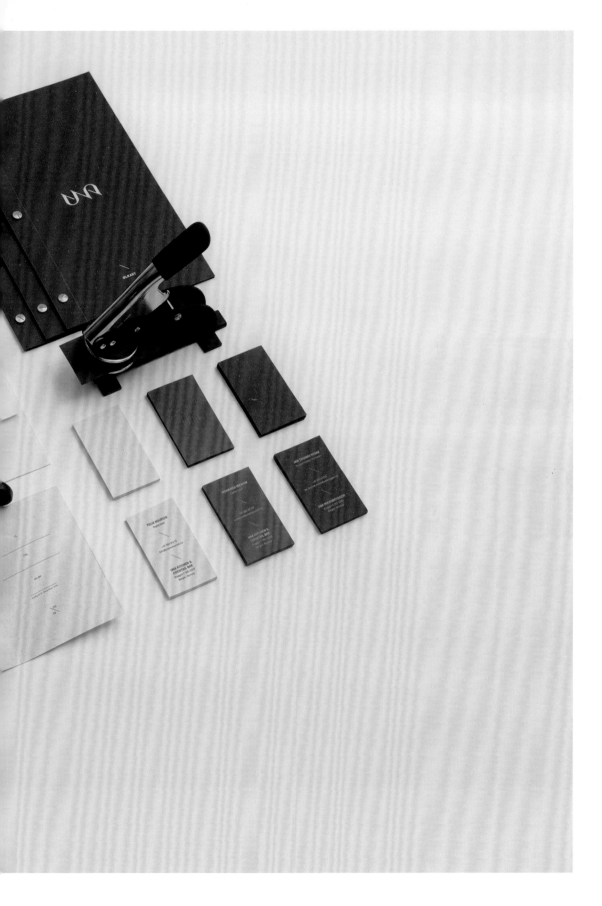

Puebla 109 坐落于 20 世纪建造的 3 层联排楼房内，既是餐馆，又是酒吧和会员俱乐部。在这里，艺术、设计和美食融为一体。品牌设计中的几个符号源于墨西哥的邮政历史，并由此组成了一个严谨的图形系统。墨西哥特色的文字字体和鲜艳颜色使得这一套设计与众不同。此外，其他平面元素则参照了曾经的邮政系统。

En Vain 是一家中国白酒酒吧和餐馆，旨在吸引热衷时尚的年轻顾客。一般人都认为白酒只适合老年人或古板老套的人喝，设计团队便借此机会为白酒"正名"，在尊重历史背景的前提下将中国的文化元素以崭新的方式呈现出来。店名"En Vain"是法语，对应汉语的"白搭"，是从饮食及设计层面对文化的一种有趣阐释。

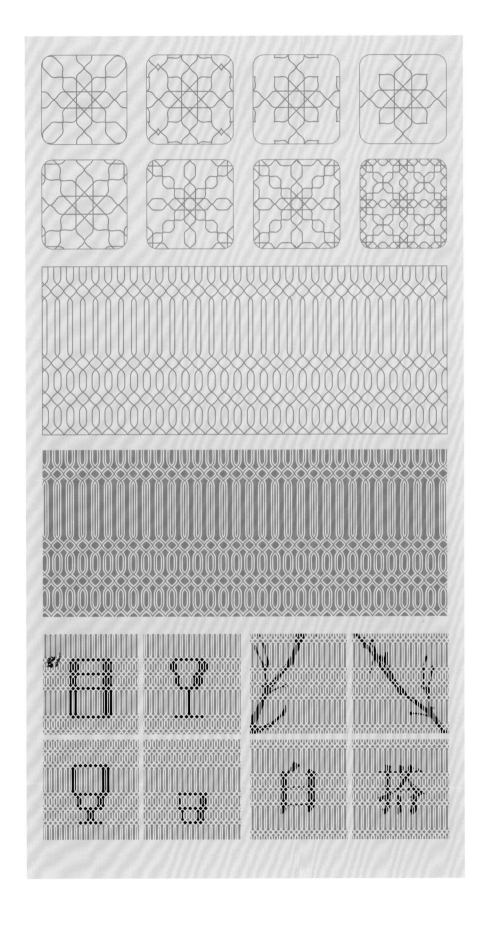

Mama Liu & Sons 位于维也纳，是一家由家庭经营的餐馆兼酒吧，主要提供地道的中式点心、火锅以及其他饮品。由于这家餐馆转由年轻一代经营，设计团队决定增添一种现代元素，从印刷品到室内装潢无不体现干净整洁的布局和颜色组合。混合了涂鸦风格的传统中国壁画与整体的设计氛围相得益彰，突显这里中国菜的地道口味。

Casa Virginia 是厨师 Mónica Patiño 在墨西哥城 Roma 区的一个最新项目，旨在给顾客带来家庭般的舒适体验。该理念在图形设计和运用上皆得到体现，设计师特别注重细节，如金箔的使用，这与厨师烹饪过程中的一丝不苟遥相呼应。该设计可以被看作是对20世纪20年代墨西哥颇为流行的平面语言的一个诠释。

CV

MENÚ 23 AL 26 DE OCTUBRE

CASA VIRGINIA

POSTRES

PAVLOVA CON CREMA BATIDA Y FRUTOS ROJOS   74
CREME BRULÉE A LA VAINILLA DE PAPANTLA   76
TARTA XOCOLATL CON CREMA INGLESA   80
NOUGAT GLACÉ   80
HELADOS Y NIEVES   45
      CHOCOLATE 70% / VAINILLA
      GUAYABA CON JAMAICA / LIMÓN AMARILLO

FRUTA DEL DÍA   40
QUESOS ARTESANALES   80-120

CASA
VIRGINIA
MÓNICA PATIÑO

CASA
VIRGINIA
MÓNICA PATIÑO

Kaiju是吉隆坡第一家泰式/日式混合餐厅,它的名字来自日本的电影《怪兽》。餐厅的形象设计定位为大胆、好玩但不失优雅,能充分
展现泰国和日本富有活力的文化和品位。餐厅标志是一头哥斯拉,它因为吃了很辣的食物而从口中喷出火焰,而它的克星泰国飞龙潜
伏于附近。设计的主配色是荧光粉色和带有金属质感的金色。

这是一家位于波士顿南端的现代亚洲美食餐馆。餐馆宽敞的就餐露台与周边树木成荫的惬意环境为设计提供了灵感。为了凸显厨师 Phil Tang 独特的烹调风格，设计师特地营造了一种带有淳朴乡风而又现代的氛围。

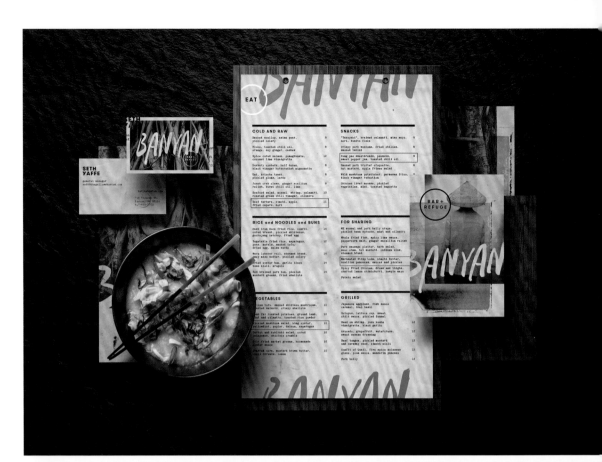

SETH
YAFFE

general manager
seth@thegallowsboston.com

banyanboston.com

553 Tremont St,
Boston, MA 02116
617-423-2700

Casca主营手工巧克力和咖啡，此外还提供风味独特的巧克力糖果。其平面和室内设计的统一与清晰令人耳目一新。除了室内的基本结构，许多细节也可圈可点，例如让整个空间焕发生机的蓝色，用瓷茶壶和茶杯改造而成的灯等。

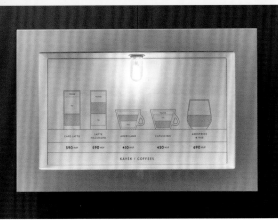

Le Garçon Saigon 是一家位于静谧高档居民区里面的越南餐馆。从品牌形象到餐厅的菜单设计，每一个细节都洋溢着一种青春、古怪和浪漫的气息。淡淡的粉红色和大胆醒目的绿色让一切看起来都充满生机，餐馆希望带给顾客 20 世纪 50 年代的法式用餐体验——开阔的视野、美酒、浓咖啡和梦幻的交谈氛围。

- The Clifford Pier   - 工作室：Foreign Policy   - 创意指导：Yah-Leng Yu   - 艺术指导：Liquan Liew
- 设计师：Yah-Leng Yu, Liquan Liew, Adeline Tan   - 插画：Adeline Tan

The Clifford Pier 是一家有着丰厚传统的餐馆，该餐馆所处位置在 20 世纪 30 年代是新加坡一个熙熙攘攘的码头。姜花图案是向新加坡的开埠功臣威廉·法古哈（William Farquhar）致敬，因为他当时对岛上的本土植物十分感兴趣。设计所用到的海泡绿、珊瑚色和里海蓝让人联想到从这个历史地标出发的辉煌航海历程。

- PLY   - 工作室：Instruct Studio   - 设计师：John Owens, Laura Jackson, Ellie Thomas
- 摄影：Sebastian Matthes

PLY是一家新开的餐厅酒吧兼创意空间，位于曼彻斯特的文化创意中心斯蒂文森广场。顾客可以在这里的涂鸦墙上尽情发挥创意，还可以参与书籍交换等活动。此外，餐馆还会定期举办各种艺术展览。这次设计任务是打造一个统一的品牌形象，无论是室内设计、印刷品还是电子材料。幸而在餐馆筹备之时工作室就已参与其中，避开了先入为主的观念，运用当时场地物料带来的灵感大胆地进行试验与探索。

BREAKFAST STOUT PSCHORR KUI CKER
GUEST BEERS
CANNONBALL   DRY STOUT
UNDERCURRENT CLOWN E

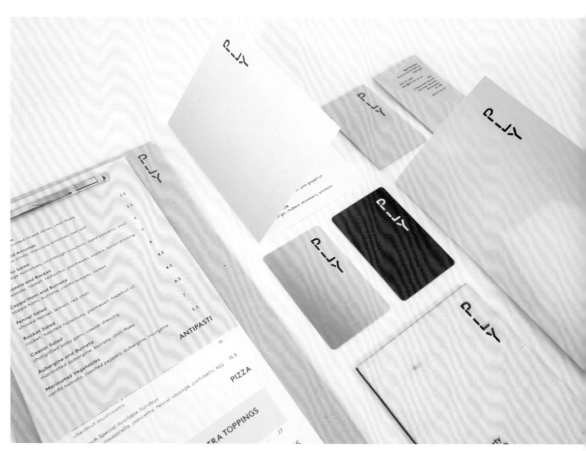

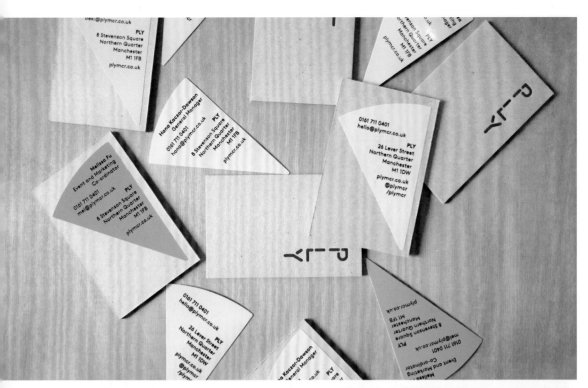

对于那些喜欢不同口味菜肴的顾客来说，Hornhuset 是一个热闹非凡的大熔炉。该品牌的核心观念就是为顾客呈现来自地中海地区的所有珍品佳肴。清新大胆的色彩、趣味十足的字体和装饰边框，所有这些品牌设计元素都传达出一种夏日炎炎的感觉。

- Graanmarkt 13　　　- 工作室：Base Design　　　- 建筑：Vincent Van Duysen　　　- 布置：Bob Verhelst

- 摄影：Base Design, Coffeeklatch, Frederik Vercruysse

Graanmarkt 13 集餐馆、概念店、画廊和公寓于一体，餐馆大厨 Seppe Nobels 用当地蔬菜烹制而成的美味菜肴已经给餐馆积攒了相当大的名气。设计旨在创造一个特别的视觉形象——"这是一个有故事的地方"。以"反品牌化运动"为灵感，该品牌没有一个固定的品牌标志，只有地址"Graanmarkt 13"作为它的唯一标识，而附加的各种充满故事性的短句强化了品牌的理念。

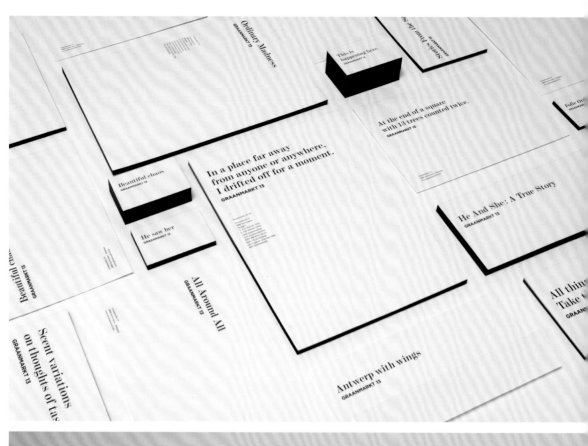

过去东海岸的生活深深影响了大厨Jason Neroni 的烹调理念,他大胆改造传统的新英格兰菜式,只采用从海岸新鲜捕获的海鲜作为食材。餐馆的菜单设计新颖地加入了折叠式的海鱼参数表,还将色彩丰富的海鲜插画与记事本的横条内页结合起来,让人浮想联翩。

DEDICATED TO THE PROTECTION AND PURITY OF OCEAN TO TABLE SELECTION.

The Pelican 海鲜餐馆的设计理念源于远航的船员们归来时的宽慰与欢庆。插画把人物形象与海洋动物结合起来，映射出餐馆的两面性，因为当夜幕降临时，The Pelican 便从餐馆变成一个酒吧。通过平面的呈现，顾客不难从餐馆与酒吧之间的界限联想到真实与虚幻之间的模糊界限。

- Oyster's & Co   - 工作室：Monotypo Studio   - 设计师：Daniel Barba López   - 网页程序：Carlos Pesina
- 摄影：Diana Cristina Espinoza

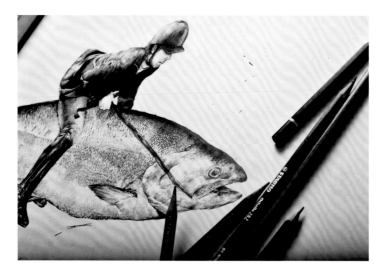

牡蛎餐吧 Oyster's & Co 的企业形象设计包括品牌标识设计、包装、摄影和网页设计。受经典地中海风格的影响，平面设计以铅笔静物素描为基础，通过经典、细腻的笔触创造一个新颖、鲜活的形象。

毗邻巴尼奥莱斯湖的 Set Cafè 是一家因使用当地天然农产品而闻名的餐馆。受此启发,一款刻在土豆印章上名为 Patata Condensed 的
字体应运而生。品牌标志是一个形似碟子的几何图形,图形里面是店名的字母组合。品牌形象新鲜、灵动、有趣。

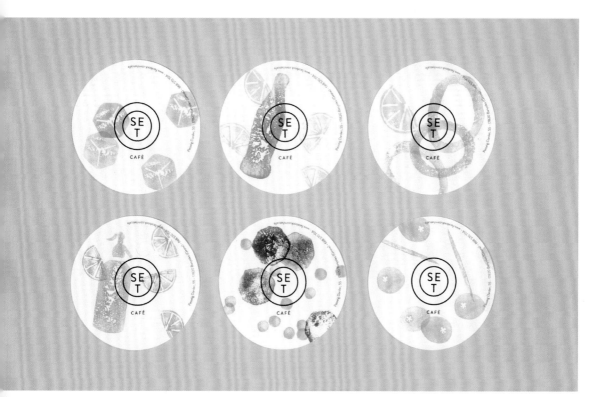

- Grüner Michel   - 工作室：Adda Studio   - 创意指导：Christian Vögtlin   - 设计师：Christian Vögtlin, Nadine März
- 摄影：Melanie März

Grüner Michel 餐馆的出现为德国南部城市莱昂贝格增添了一道靓丽的美食风景线。除了美味可口的素食菜肴外，餐馆里有趣的设计同样可以满足顾客的视觉享受，让他们在用餐时感觉惊喜不断。

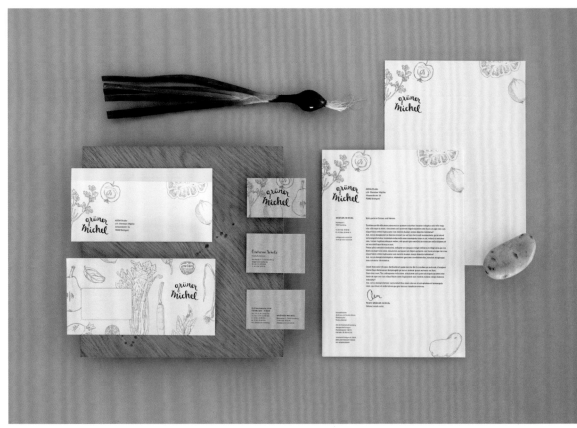

- Hay Market   - 工作室：Foreign Policy   - 创意指导：Yah-Leng Yu   - 艺术指导：Yah-Leng Yu, Liquan Liew

- 设计师：Liquan Liew, Vanessa Lim, Yah-Leng Yu

Hay Market 是一家位于中国香港赛马会的餐馆。品牌的理念和表达手法都散发出浓厚的英式味道。受已有几百年历史的骑师丝绸上衣的启发，该餐馆的视觉设计大胆地结合了几何图形、复古的英式字体以及维多利亚时代的广告插画等元素。品牌的标识打破古典字体的严谨和唯美，在原有的基础上增添了几分趣味性，同时还可以根据不同的用途做出不同的排列组合。

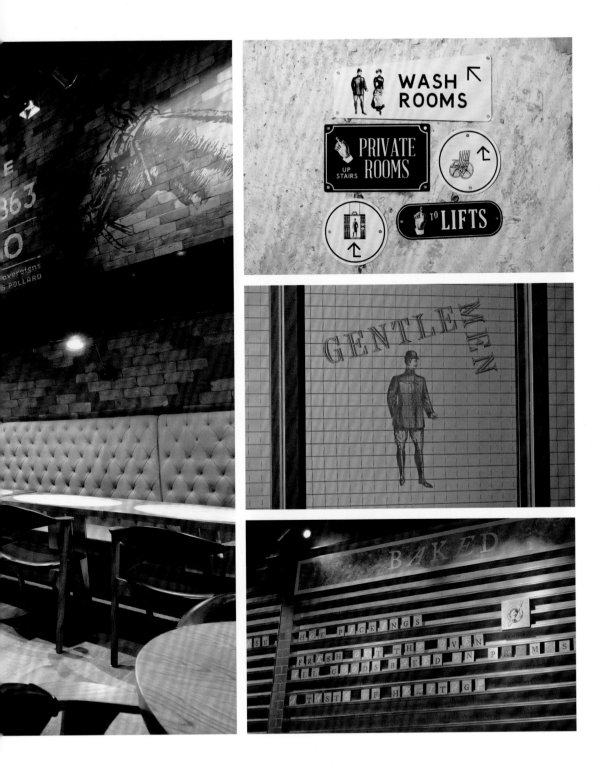

Burger Circus 以 19 世纪晚期经典的美式餐馆为蓝本，并在此基础上增添了一种异想天开的趣味 。受 Edward Hopper 的画作
"Compartment C, Car 293" 启发，室内设计用弧形的不锈钢墙板和复古暖光灯塑造了列车车厢造型。品牌形象中的马戏团人物来自电
影《大象的眼泪》(*Water for Elephants*)，在菜单和海报设计上栩栩如生地展现出马戏团人物各自的古怪个性与才能。

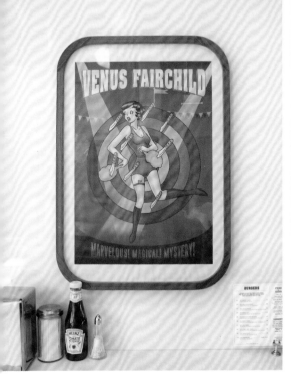

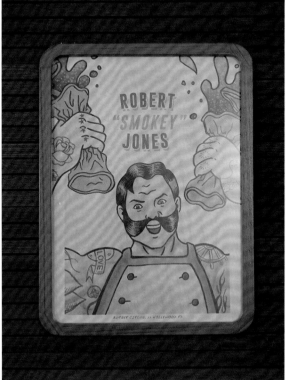

汉堡包诞生于美国街头,其后迅速成为波普艺术里备受喜爱的一个符号,这就是 Burger & Love 的形象设计理念。受一个波普艺术展览的启发,设计师打造一个当代"波普"餐馆的品牌形象,室内装潢仿照 20 世纪五六十年代的标志性风格。

此品牌设计立足于 Better Burger 的直率个性和对完美用餐体验的追求。手绘的字体和插画强调了食材的来源，并突显了"手作成就美好"的品牌理念。最后出来的形象辨识度高，契合他们对产品的自信与承诺。

- 4ECK   - 工作室：Kissmiklos   - 室外设计：Viktor Csap, Kissmiklos   - 网页程序：Atom&Partners
- 摄影：Bálint Jaksa

店名"4ECK"既指餐馆位于街道的"四"个角落，也寓意着五湖四海。餐馆的核心理念是文化的多样性，因此菜单上的每一道菜的灵感都源于不同的城市。在这里，顾客不必远行便可享受一次美食的环球之旅。基于同一理念，室内设计的特色落在了不同城市的出租车模型，以及带有不同城市名字的金属罐上。

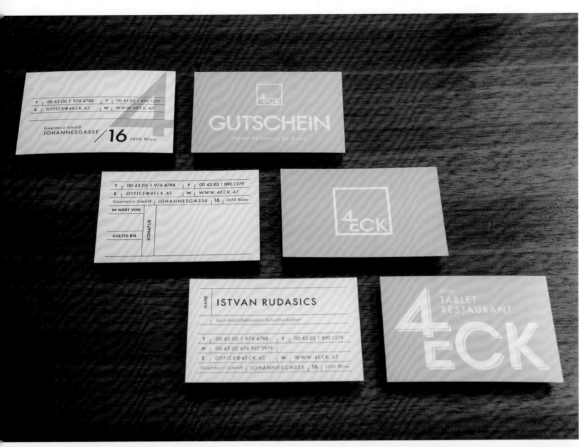

老派的风格和留着胡子的壮汉形象无疑是 Pelmán 餐馆特有的品牌标识。整个室内装潢最突出的特点便在于由橡木、插画、砧板和擀面杖装饰的墙面，以及一个嵌有马赛克文字的翻新金属楼梯。

HAND MADE CAFE

173

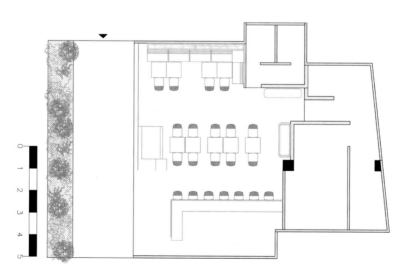

不同于传统的熟食店,La Condesa 独树一帜,希望带给顾客别样的体验和感受。店内有三个区域:阳台可以让顾客享受不同菜肴与美酒的同时度过一个愉快的夜晚;酒吧是结识朋友、品尝鸡尾酒与开胃小菜的绝佳选择;舒适的沙发、天花板上的镜子以及昏暗的灯光给大厅营造了一种魔法般的私密氛围,让顾客与美食为伴度过良宵。

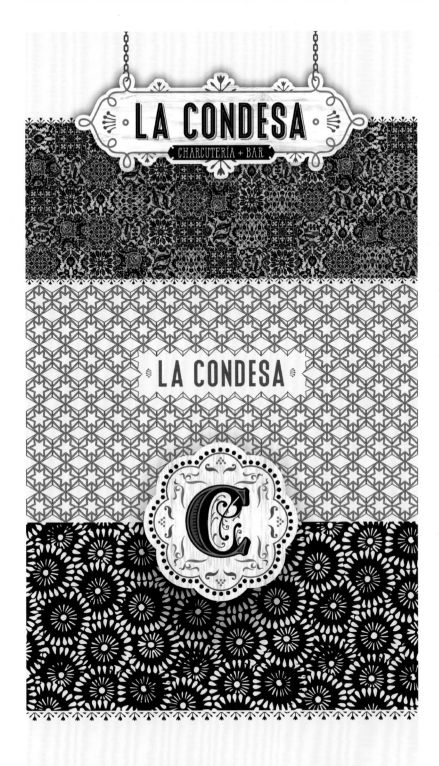

- La Bottega   - 工作室：Kidstudio   - 设计师：Marco Innocenti, Luca Parenti, Giorgio Franceschini

- 摄影：Stefano Casati, Alex Teuscher

La Bottega 是一家颇具特色的餐馆，给人一种古式意大利餐馆般悠闲随意的感觉。最新设计的品牌标志别具一格地使用了波多尼字体。设计所使用的纸张来自于意大利佛捷歌尼公司，主色调是深褐色和石灰岩色。

la
BØTTEGA
CUCINA ITALIANA

PANTONE 476 U

PANTONE **173 U**
FEDRIGONI™ **360gr/m²**
MATERICA™ **TERRA ROSSA** PAPER

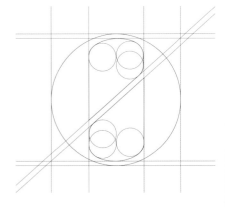

Novecento Wide

ABCDEFGHIJKLMNOPQRSTUVWXYZ
0123456789

Arno Pro

ABCDEFGHIJKLMNOPQRSTUVWXYZ
abcdefghijklmnopqrstuvwxyz
0123456789

店名"Tumamigui"指的是一种不受限制的自助用餐风格。餐馆引进了平板电脑来实现用餐定制。顾客的选择相当丰富,包括米饭和芥末的分量,鱼的大小以及配料和酱汁的种类。从品牌标志、门帘图案、餐具到桌子的形状,雨滴形状作为基本元素贯穿整个设计为了给每一位顾客带来独特的用餐体验,每张桌子的颜色搭配和家具都不尽相同。

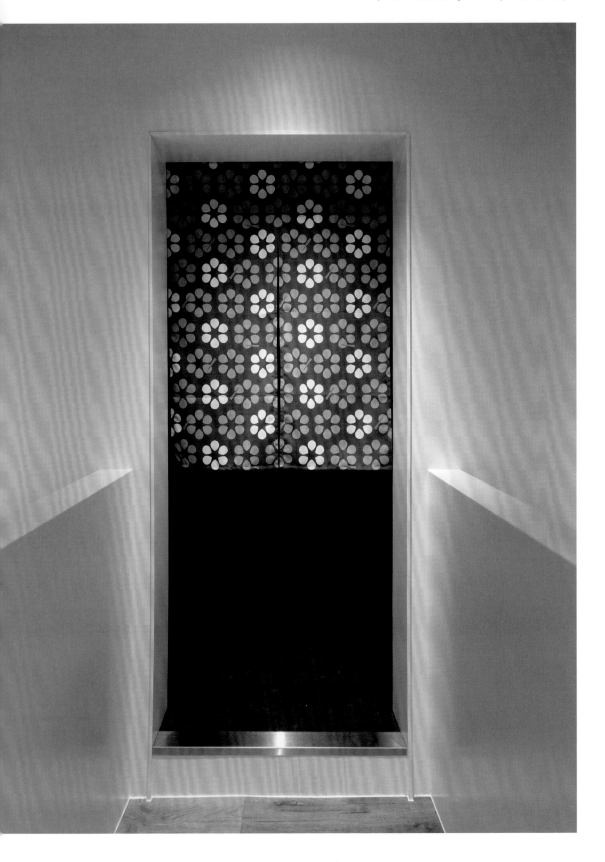

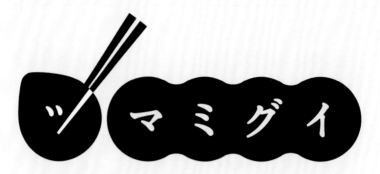

The one and only self-service & customizable sushi
with good quality, affordable price and the best service.

presented by sushiro

SEAT.

FOOD.

SUSHI.

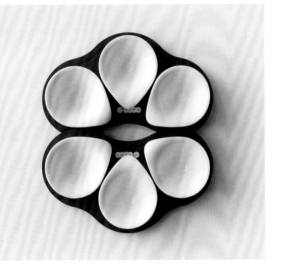

毗邻港口，这家咖啡馆除了供应咖啡、啤酒、吐司和糖果，还让顾客享受圣劳伦斯河畔的风景以及舒适的室内环境。品牌形象中的手绘花卉图案旨在向著名墨西哥艺术家弗里达·卡洛以及她的花卉画作致敬。

- Chang   - 工作室：Estudio Yeye   - 艺术总监：Estudio Yeye   - 创意总监：Orlando Portillo

- 摄影师：Raul Villalobos

Chang 是一款受亚洲美食影响的泰国菜。这种组合让设计师将数千个视觉元素和文化元素融合在一起。灯光、老虎、不同寻常的风俗和成千上万种口味，创造出一种独特的氛围。Chang 反映了东南亚国家的某种社会现象，创造了一种有趣的视觉冲突。

- Samurai Senbei   - 工作室：APRIL   艺术总监：Kenichi Mearashi & Madoka Mukai

- 创意总监：Kenichi Mearashi   - 设计师：Madoka Mukai

仙贝（米果）是一种传统的日本小吃。据说仙贝是古代武士随身携带的食物，因此设计师创作了一个武士形象当作仙贝的发明者。

基辅的居民喜欢在假日游览古城利沃夫，伴随着咖啡和新鲜面包的香气漫步于古老的街头。这就是Galician Strudel开店的初衷——成为基辅的"小利沃夫"。设计方案模仿典型的利沃夫面包店。利沃夫的人们非常注重家庭传统并代代相传，因此在这座城市不X发现家族式的面包师、手工艺人和艺术家。有影响力的家庭总是有自己的名字缩写标志、印章，甚至是装饰风格，因此在此次设计中这些重要的视觉元素也都得以体现。棕色色调、牛皮纸以及蜡印都突显了整体的复古风格。

194

Maitre Choux 是一家现代法式蛋糕店,糕点师以其精湛的技艺,制作出口感非凡的泡芙。设计师从食物本身汲取灵感,很好地利用了几何图形的简洁与优雅,设计了一款引人注目的图案。波点图案与色彩斑斓的有趣搭配体现了食物的创意与艺术性。

MAÎTRE CHOUX

ARTISTE PATISSIER

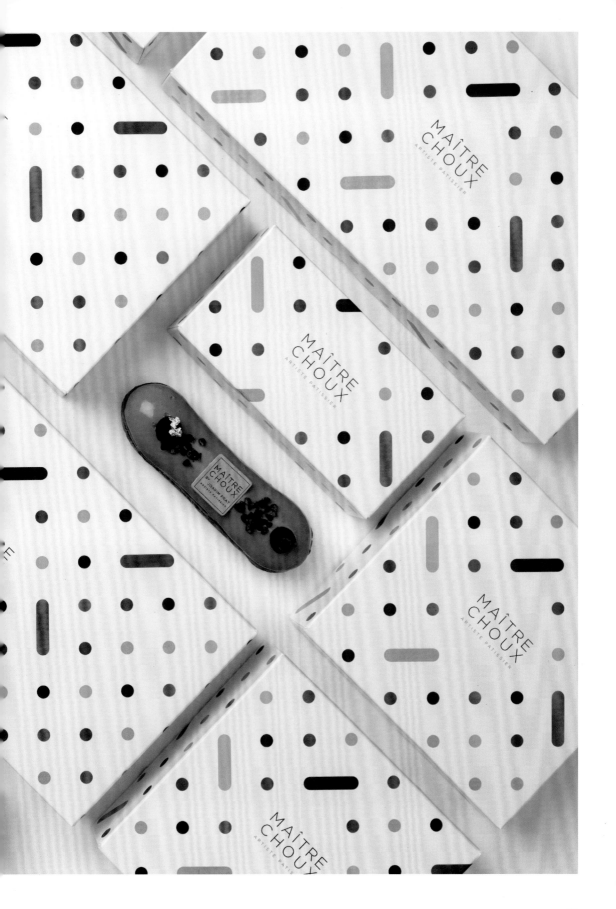

一个有感染力的抽象符号和钢笔插画的有机结合构成了餐馆的品牌标志，并为品牌形象增添了丰富性和无限的想象力。而品牌标志的幽默之处就在于此，甚至餐馆网站上的光标也是一支绘画笔。

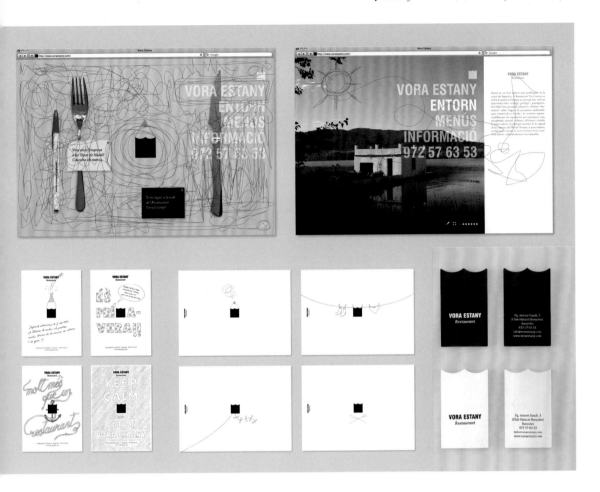

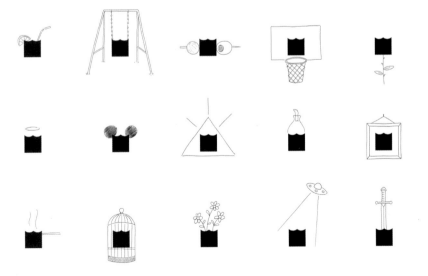

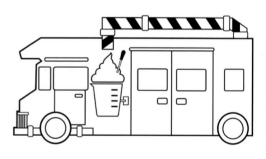

Remicone 的主商标描摹了一辆卡车制作雪糕的有趣情景,可谓是店铺卡车造型的缩影。字体、室内设计、餐具都被设计成实验室的风格,干净明亮。店名的首写字母"R"是品牌的象征,被刻在了店门上。每一款冰淇淋都以图标的形式呈现在菜单上,方便顾客下单。

Noodle Theater 是一家位于中国台湾的连锁餐馆，供应世界各地的特色面食。品牌形象运用大胆的色调，反映出餐馆食物的多元化以及原料的多样性。品牌标志用面条似的线条巧妙地铺设出中文店名。色彩丰富的品牌形象还包括了一系列的面具，每一副面具代表一种独特的文化，例如墨西哥摔跤手面具、日本能剧面具以及英国著名的盖伊·福克斯面具等。这些独特的面具图案被应用到商店的包装、餐具、印刷品以及店面装潢上。

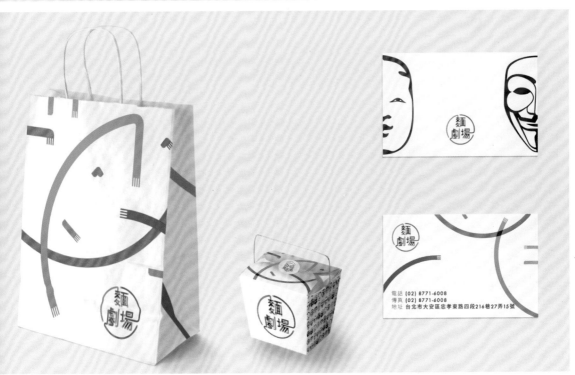

索 引

致 谢

善本在此诚挚感谢所有参与本书制作与出版的公司与个人,本书得以顺利出版并与各位读者见面,全赖于这些贡献者的配合与协作。感谢所有为本项目提出宝贵意见并倾力协助的专业人士及制作商等贡献者。还有许多曾对本书制作鼎力相助的朋友,遗憾未能逐一标注与鸣谢,善本衷心感谢诸位长久以来的支持与厚爱。

投稿:善本诚意欢迎优秀的设计作品投稿,但保留依据题材需要等原因选择最终入选作品的权利。如果您有兴趣参与善本图书的制作、出版,请把您的作品集或网页发送到editor01@sendpoints.cn。